断路器

Circuit breaker Test Manual

国网宁波供电公司变电检修室　组编

主　编　王志佳

参　编　梁流铭　严　凌　胡华杰　郑　健
　　　　周　华　李　鹏　盛发明

主　审　赵铁林　王　磊

中国电力出版社
CHINA ELECTRIC POWER PRESS

内 容 提 要

本书详细介绍了断路器常规例行试验，从试验原理、方法、标准都作了详细介绍。全书共分六章，主要内容有断路器分合闸线圈直流电阻测量及绝缘电阻试验、断路器时间-速度特性试验、断路器低电压动作特性试验、断路器回路电阻试验、SF_6 断路器微水试验、真空断路器交流耐压试验等。

本书可作为从事断路器试验的检修人员、试验人员及运维人员的培训教材。

图书在版编目（CIP）数据

电气试验一本通．断路器/国网宁波供电公司变电检修室组编．—北京：中国电力出版社，2019.9（2023.8 重印）

ISBN 978-7-5198-3652-8

Ⅰ.①电…　Ⅱ.①国…　Ⅲ.①电气设备—试验　Ⅳ.①TM64-33

中国版本图书馆 CIP 数据核字（2019）第 192034 号

出版发行：中国电力出版社
地　　址：北京市东城区北京站西街 19 号（邮政编码 100005）
网　　址：http://www.cepp.sgcc.com.cn
责任编辑：孙　芳（010-63412381）
责任校对：黄　蓓　李　楠
装帧设计：王红柳
责任印制：吴　迪

印　　刷：三河市万龙印装有限公司
版　　次：2020 年 1 月第一版
印　　次：2023 年 8 月北京第二次印刷
开　　本：700 毫米×1000 毫米　32 开本
印　　张：1.5
字　　数：32 千字
印　　数：2001—2600 册
定　　价：15.00 元

前言

随着状态检修工作的深入开展，以电气设备试验数据分析为主的输变电设备状态评价工作已越显重要。而电气试验数据的来源离不开电气试验工作，当前国家电网有限公司“三型两网”体系建设的深入推进对电气试验岗位技能建设提出了更高的要求，电气试验的基本技能培训工作越来越重要了。目前的教材主要停留在原理的学习上，对于初学者、一线工作者并不很适用。在此背景下，我们组织电气试验专业的多名专家，依据最新的国家、电力行业和企业标准，结合生产现场实际试验工作中的经验和具体工作的典型案例，编制了《电气试验一本通　变压器》《电气试验一本通　断路器》和《电气试验一本通　避雷器》3本系列培训教材。通过着重介绍试验流程、危险点分析、试验仪器、判断标准等，提升员工的现场实践技能水平。

本书是本套系列教材中的一本，叙述了断路器常规例行试验，从试验原理、方法、标准都作了详细介绍。全书共分六章，主要内容有断路器分合闸线圈直流电阻测量及绝缘电阻试验、断路器时间-速度特性试验、断路器低电压动作特性试验、断路器回路电阻试验、SF_6断路器微水试验、真空断路器交流耐压试验等。

限于作者水平，虽对书稿进行了反复推敲，但难免仍会存在疏漏与不足之处，恳请读者谅解并批评指正！

作者

2019年8月

目录

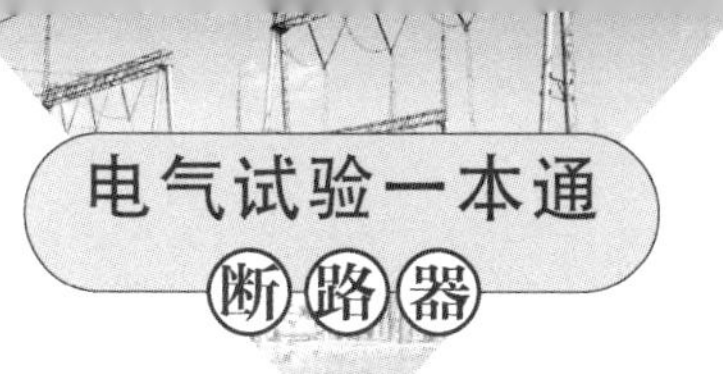

第一章 断路器分合闸线圈直流电阻测量及绝缘电阻试验

一、测试依据

1.《国家电网公司电力安全工作规程　变电部分》(Q/GDW 1799.1—2013)

2.《输变电设备状态检修试验规程》(Q/GDW 1168—2013)

3.《电气装置安装工程电气设备交接试验标准》(GB 50150—2016)

4.《电力设备预防性试验规程》(DL/T 596—1996)

二、测试标准

(1) 分、合闸线圈电阻检测，检测结果应符合设备技术文件要求，没有明确要求时，以线圈电阻初值差不超过±5%作为判据。

(2) 检查辅助回路和控制回路电缆、接地线是否完好；用1000V绝缘电阻表测量电缆的绝缘电阻，应无显著下降。

三、试验目的

保证断路器能在正确的电压范围内工作。

四、试验前准备

检查万用表是否在有效期，是否功能正常。

五、 测试仪器选择

万用表一只、绝缘电阻表一台，分别如图 1-1 和图 1-2 所示。

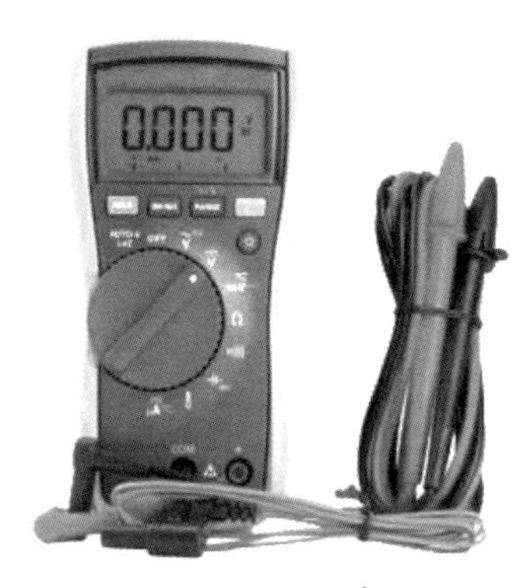

图 1-1　万用表

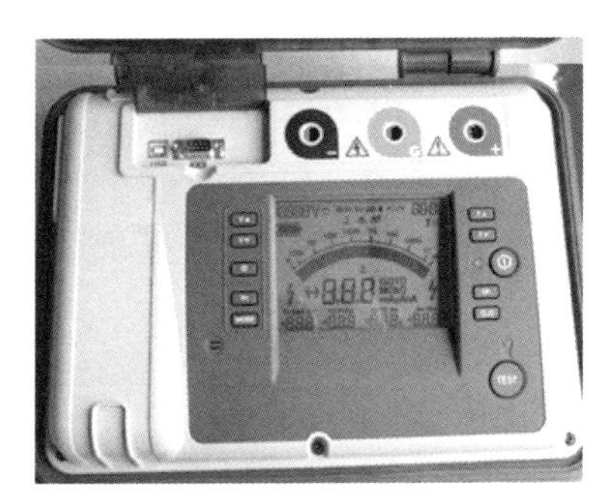

图 1-2　绝缘电阻表

六、 危险点分析与预防措施

（1）断开控制电源，防止触电伤害。

（2）防止开关机械传动机械伤害。

（3）防止高压触电危险。

七、 接线说明

将万用表、绝缘电阻表两头连接至分、合闸线圈的相应端子两侧。

八、 仪器操作使用说明

参照万用表使用规范。

九、 测试结果分析与报告编写

将测试结果打印出来，与被测试断路器的技术参数进行对比，测试结果如不合格，根据实际情况进行调试合格。测试结束后将数据填到相关记录内，并把打印纸粘贴在检修记录上，工作结束后上交主管部门审核。

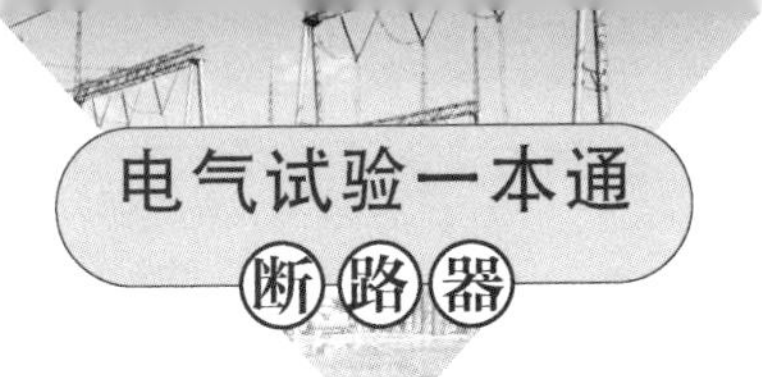

第二章 断路器时间-速度特性试验

一、测试依据

1.《国家电网公司电力安全工作规程　变电部分》(Q/GDW 1799.1—2013)

2.《输变电设备状态检修试验规程》(Q/GDW 1168—2013)

3.《电气装置安装工程电气设备交接试验标准》(GB 50150—2016)

4.《电力设备预防性试验规程》(DL/T 596—1996)

二、测试标准

在额定操作电压下测试时间特性要求如下：

(1) 合、分指示正确。

(2) 辅助开工动作整齐。

(3) 合分闸时间。合、分闸不同期，合、分闸时间满足技术文件要求且没有明显变化。

(4) 必要时，测量行程特性曲线做进一步分析。

(5) 除有特别要求之外，相间合闸不同期不大于5ms，相间分闸不同期不大于3ms。

(6) 同相各端口合闸不同期不大于3ms，同相分闸不同期不大于2ms。

三、试验目的

(1) 断路器动作时间、速度的测试。

（2）断路器动作时间、速度是保证断路器正常工作和系统安全运行的主要参数，断路器动作过快，易造成断路器部件的损坏，缩短断路器的使用寿命，甚至造成事故；断路器动作过慢，则会延长灭弧时间、烧坏触头（增高内压，引起爆炸）、造成越级跳闸（扩大停电范围），加重设备损坏程度，并影响电力系统的稳定。

四、 试验前准备

（1）阅读开关测试仪的说明书，掌握测试仪的使用方法。
（2）按照随机清单，检查所配测试线及附件是否齐全、完好。
（3）检查打印纸是否充足。
（4）检查测试仪电源工作是否正常。
（5）核查被测设备参数是否符合标准。

五、 测试仪器选择

断路器综合测试仪如图 2-1 所示。

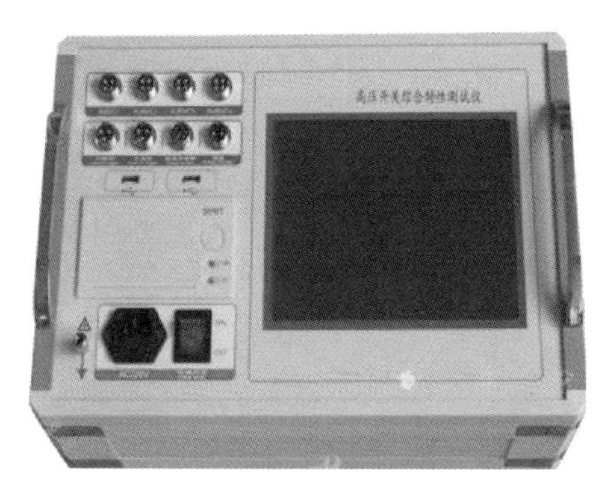

图 2-1 断路器综合测试仪

六、 危险点分析与预防措施

（1）在使用前，将机械特性测试仪接上接地线，防止仪器漏电，危及人身安全。

（2）使用时，根据测试项目选择正确的操作，防止测试仪和设备的损坏。

（3）在接入断路器操作回路时，应断开断路器的操作电源，防止在测试时损坏二次设备。

（4）控制输出电源，严禁短路。

七、 接线说明

（1）控制输出线接线示意图见图 2-2。

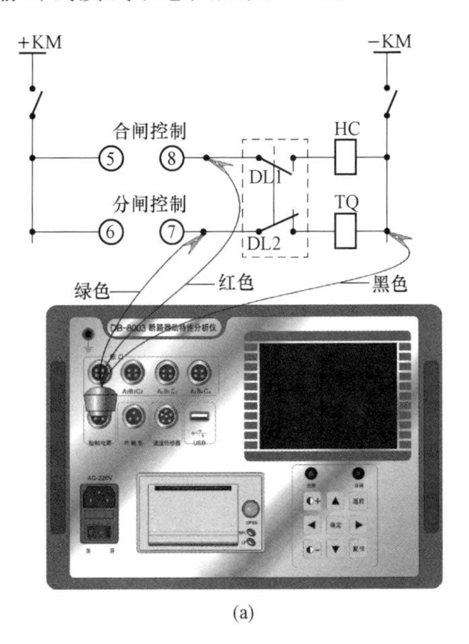

(a)

图 2-2 控制输出线接线示意图（一）

（a）线路图

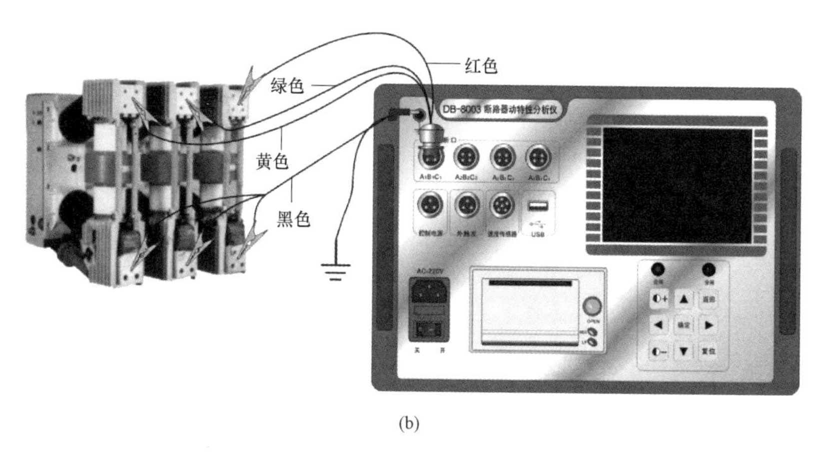

(b)

图 2-2 控制输出线接线示意图（二）
（b）接线

（2）西门子石墨触头开关三断口接线示意图（3AQ 型）见图 2-3。

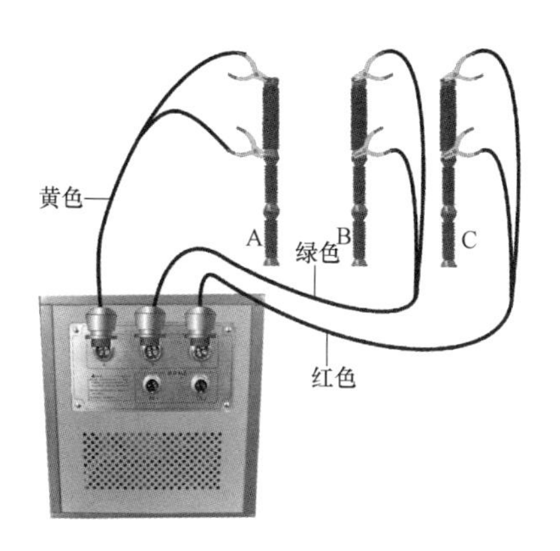

图2-3 西门子石墨触头开关三断口接线示意图

（3）带电辅助触点接线图见图 2-4。

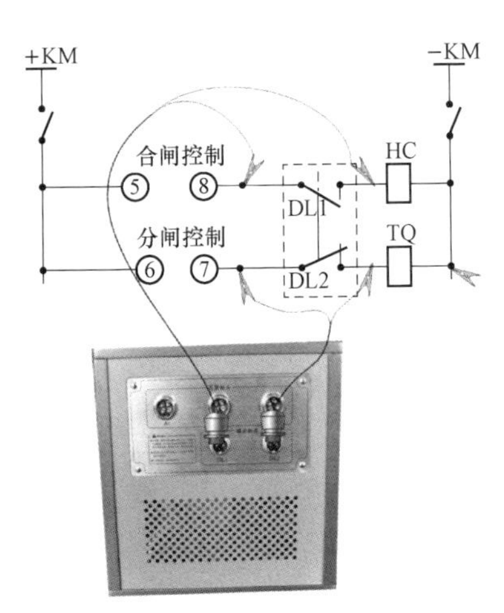

图 2-4　带电辅助触点接线图

八、仪器操作使用说明

（一）面板布置

面板布置图见图 2-5，面板布置说明见表 2-1。

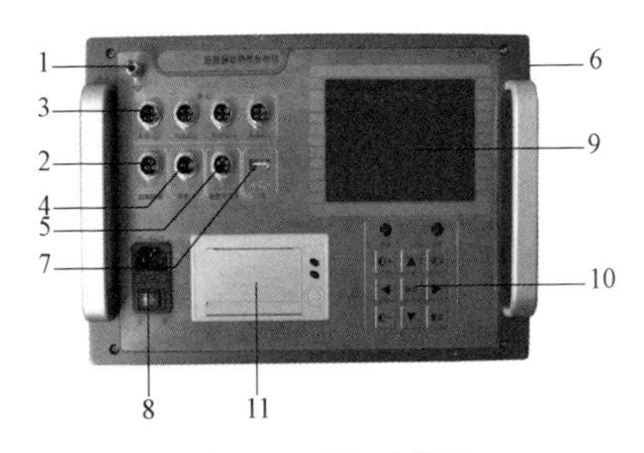

图 2-5　面板布置图

表 2-1　面板布置说明

序号	面板标志	功能说明
1	保护接地端	与大地相接
2	控制电源	仪器内部提供合、分闸控制直流电源

续表

序号	面板标志	功能说明
3	A1 B1 C1 A2 B2 C2 A3 B3 C3 A4 B4 C4	12路断口时间测量通道
4	外触发	外触发方式时，直接并接到分、合线圈两端，取线圈上电信号作为同步信号
5	速度传感器	速度传感器的信号输入
6	侧板	石墨触头接头插座和辅助触点插座
7	USB接口	用于导出试验数据以及固件升级
8	电源开关	输入电源220×（1±10%）V、50×（1±10%）Hz、25A
9	液晶显示屏	大屏幕、宽温带、背景光液晶、全中文显示所有数据及图谱
10	功能键模块	◀ ▶ 左、右移动光标
		▲ ▼ 上、下移动光标或增、减当前光标处数值
		[确定] 选择当前菜单或确认操作
		[返回] 返回上级菜单或取消操作
		[复位] 仪器复位
11	打印机	打印测试报告及图谱

（二）操作说明

1. 分一合

开关的“分一合”试验，整定“分一t_1一合”控制时间间隔后试验，直接得到开关的一分时间、无电流时间。

注意：控制时间间隔 t_1 是指从给分闸线圈上电起到给合闸线圈上电的这段时长，t_1 可设置为略小于断口固有分闸时间。

2. 合一分

开关的“合一分”试验，整定“合一t_2一分”控制时间间隔后试验，直接得到开关的一合时间、金短时间（即金属短接时间）。

注意：时间间隔 t_2 是合闸线圈给电时间间隔，分闸线圈一直给电；t_2 可设置为略小于断口固有合闸时间。

3. 分一合一分

开关的“分一合一分”试验，整定“分一t_1一合一t_2一分”控制时间后试验，直接得到开关的一分时间、金短时间、无电流时间。

注意：“分一t_1一合一t_2一分”操作，t_1 设置为合闸开始给电时间点，t_2 设置为合闸给电时间间隔。一般情况下，t_1 设置为300ms，t_2 可设置为略小于断口固有合闸时间。

4. 手动分合

在某个设定电压下，对开关反复进行多次分合试验。如：

（1）在30%的额定电压下，对开关连续操作3次，开关应可靠、不动作。

（2）开关厂做开关试验前在额定电压下，对开关需进行多次分合后，再进行试验。

5. 数据分析

对所测得的“时间一行程”曲线进行分析可以得到相关的数据，最主要的是得到刚分、刚合速度数据，如图2-6所示。

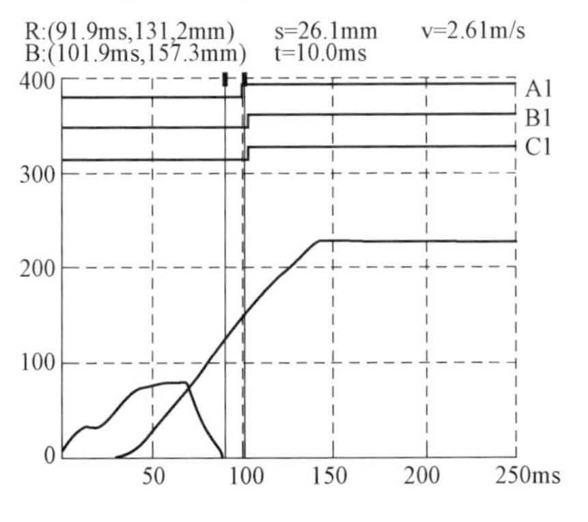

图2-6 速度数据图

（三）操作提示

进入“速度分析”界面，在“时间—行程”曲线上有实线、虚线两根坐标竖线。

虚线在A通道的刚分、刚合点上，实线为刚分、刚合速度的定义点，屏幕左上角为两根坐标线与行程曲线上相交的坐标值。横坐标为时间，纵坐标为开关动触头在此时刻下的行程位置点，实线可左右移动，移动时坐标点会实时变化，虚线不能移动。按向上或向下键可以将实线和虚线进行切换。

（1）“S=××.× mm”为行程曲线上两个坐标点的纵坐标之差。

（2）“t=××.× ms”为行程曲线上两个坐标点的横坐标之差。

（3）“v=××.×× m/s”为此两点纵坐标差与横坐标差的比值，即动触头在此两点之间的平均速度。如果按开关厂家的刚分、刚合速度定义设定此两点，那么v即为所测的刚分、刚合速度。

当然，左右移动两根坐标线到相应位置，查看两坐标点的纵坐标之差，可以看到开距、超行程、过冲行程、反弹幅值等数据。在曲线上还可以看到动触头的起始运动时刻点等一系列“综合数据表格”中没有显示的数据，供分析用。

（四）图形和数据画面（见图2-7）

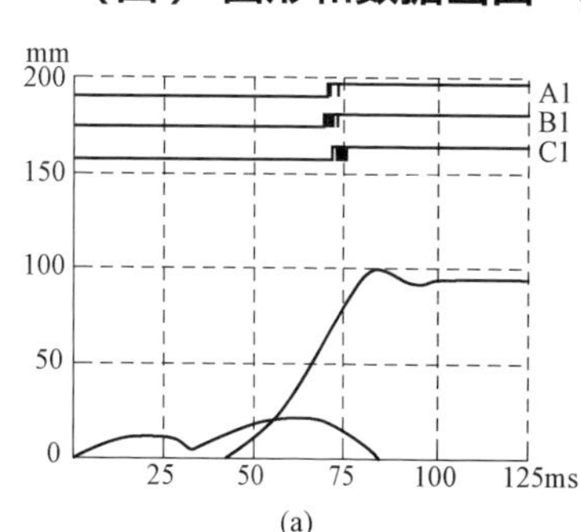

(a)

合闸	A相	B相	C相	相间
1	70.9	69.9	71.0	
2				
3				
4				
同期	0.0	0.0	0.0	1.1
合闸速度	3.29 m/s		行程	95.0mm
最大速度	3.75 m/s			
线圈电流	2.27 A			

(b)

图2-7 图形和数据图（一）

(a) 合闸测试图形；(b) 合闸测试数据

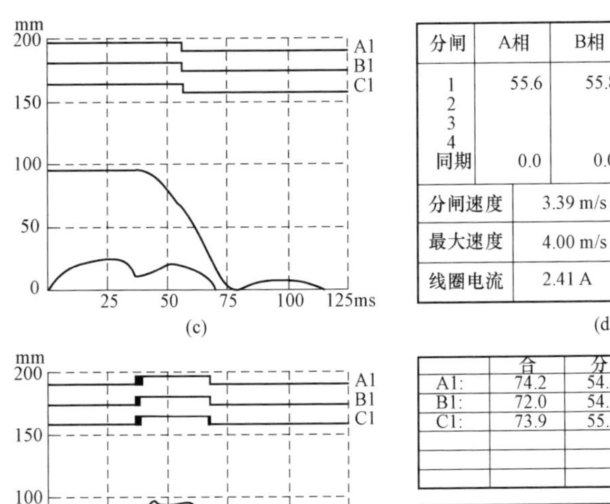

(c)

分闸	A相	B相	C相	相间
1	55.6	55.8	56.4	
2				
3				
4				
同期	0.0	0.0	0.0	0.8

分闸速度	3.39 m/s	行程	95.0mm
最大速度	4.00 m/s		
线圈电流	2.41 A		

(d)

(e)

	合	分		
A1:	74.2	54.4		
B1:	72.0	54.9		
C1:	73.9	55.6		

	金短			
A1:	66.3			
B1:	63.0			
C1:	61.8			

(f)

图 2-7 图形和数据图（二）

(c) 分闸测试图形；(d) 分闸测试数据；

(e) 合、分闸测试图形；(f) 合、分闸测试数据

九、 测试结果分析与报告编写

将测试结果打印出来，与被测试断路器的技术参数进行对比，测试结果如不合格，根据实际情况进行调试合格。测试结束后将数据填到相关记录内，并把打印纸粘贴在检修记录上，工作结束后上交主管部门审核。

第三章 断路器低电压动作特性试验

一、 测试依据

1.《国家电网公司电力安全工作规程　变电部分》(Q/GDW 1799.1—2013)

2.《输变电设备状态检修试验规程》(Q/GDW 1168—2013)

3.《电气装置安装工程电气设备交接试验标准》(GB 50150—2016)

4.《电力设备预防性试验规程》(DL/T 596—1996)

二、 测试标准

断路器低电压动作电压不得低于额定操作电压的30%，不得高于额定操作电压的65%。如果断路器动作电压过高或过低，就会引起断路器误分闸和误合闸，以及断路器发生故障时拒绝分闸，造成事故。

三、 试验目的

保证断路器能在正确电压范围内工作。如果断路器动作电压过高或过低，就会引起断路器误分闸和误合闸，以及断路器发生故障时拒绝分闸，造成事故。

四、 试验前准备

(1) 阅读开关测试仪的说明书，掌握测试仪的使用方法。

（2）按照随机清单，检查所配测试线及附件是否齐全、完好。

（3）检查打印纸是否足够。

（4）检查测试仪电源工作是否正常。

（5）核查被测设备参数标准。

五、 测试仪器选择

断路器综合测试仪如图 3-1 所示。

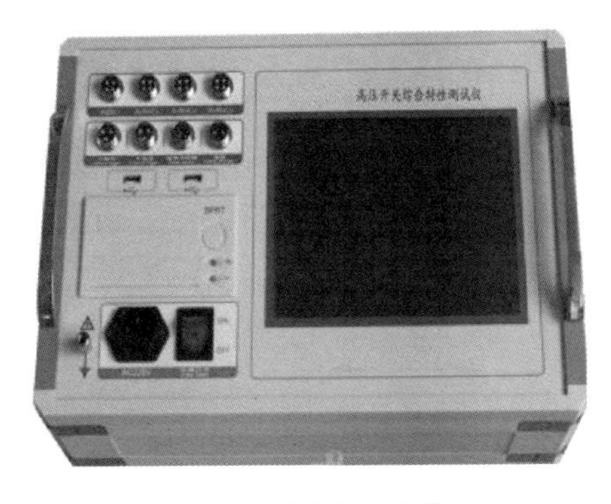

图 3-1 断路器综合测试仪

六、 危险点分析与预防措施

（1）在使用前，将机械特性测试仪接上接地线，防止仪器漏电，危及人身安全。

（2）使用时，根据测试的项目选择正确的操作，防止测试仪和设备的损坏。

（3）在接入断路器操作回路时，应断开断路器的操作电源，防止在测试时损坏二次设备。

（4）控制输出电源，严禁短路。

七、 接线说明

接线说明见图 3-2。

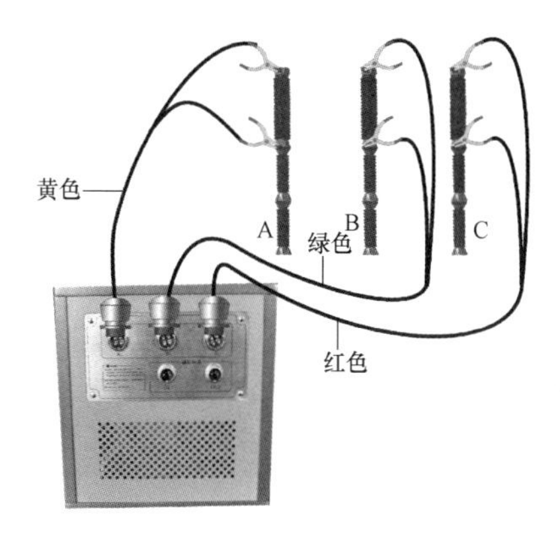

图 3-2 接线说明图

八、 仪器操作使用说明

1. 低分、低合试验（见图 3-3）

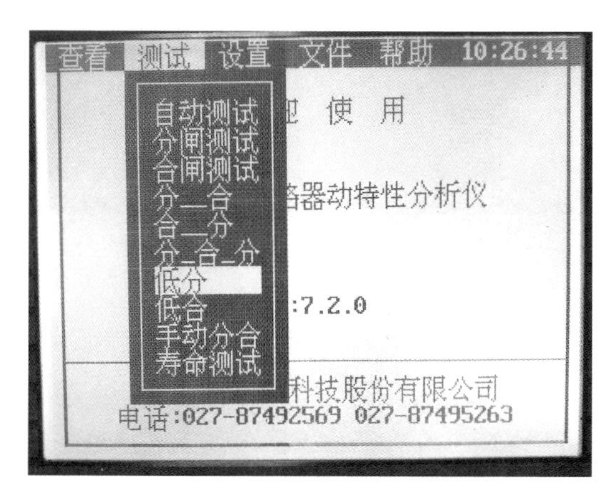

图 3-3 接线说明图

2. 输出脉冲时长设置（见图 3-4）

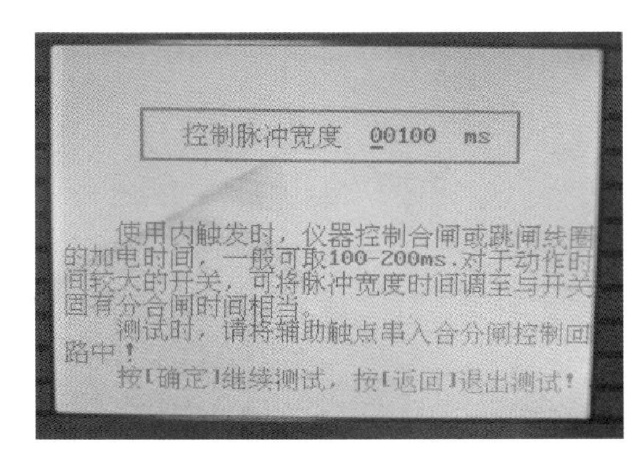

图 3-4　输出脉冲时长设置图

3. 起始电压设置（见图 3-5）

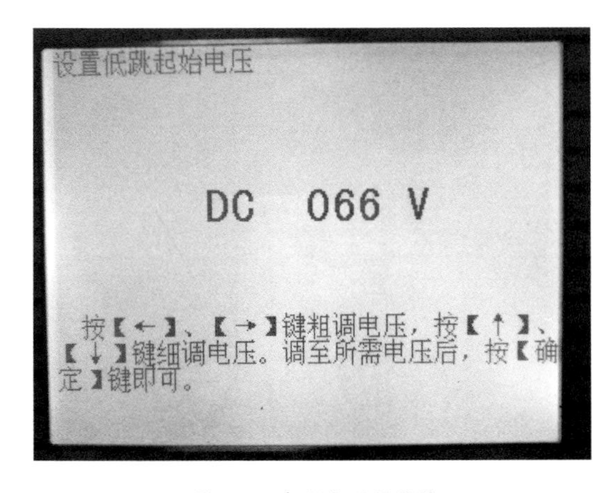

图 3-5　起始电压设置图

4. 步进电压设置（见图 3-6）

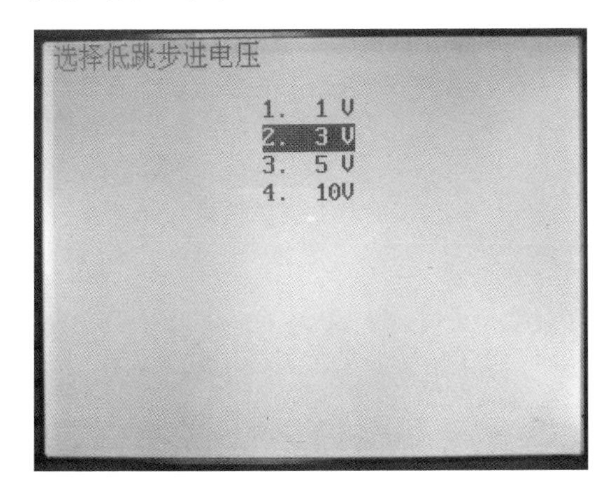

图 3-6 步进电压设置图

5. 动作电压试验画面（见图 3-7）

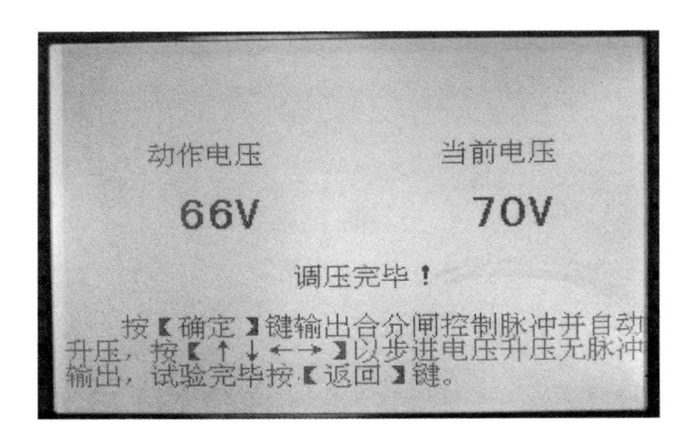

图 3-7 动作电压试验画面图

6. 试验完毕

记录动作电压值，并打印动作电压结果。

低合试验同理。

九、 测试结果分析与报告编写

将测试结果打印出来，与被测试断路器的技术参数进行对比，测试结果如不合格，根据实际情况调试合格。测试结束后将数据填到相关记录内，并把打印纸粘贴在检修记录上，工作结束后上交主管部门审核。

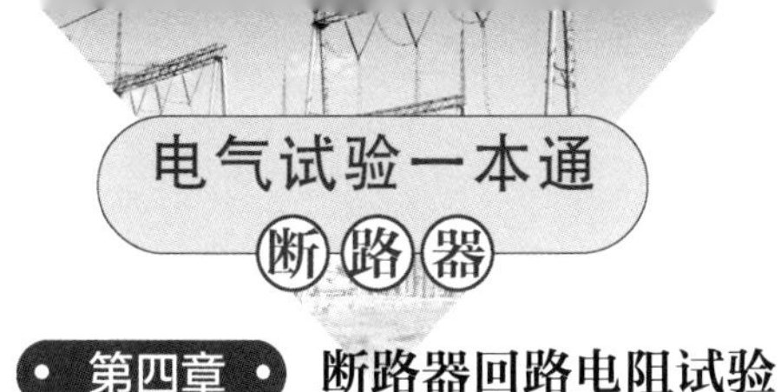

第四章 断路器回路电阻试验

一、 测试依据

1.《国家电网公司电力安全工作规程　变电部分》（Q/GDW 1799.1—2013）

2.《输变电设备状态检修试验规程》（Q/GDW 1168—2013）

3.《电气装置安装工程电气设备交接试验标准》（GB 50150—2016）

4.《电力设备预防性试验规程》（DL/T 596—1996）

二、 测试标准

在合闸状态下，测量进、出线之间的主回路电阻。测量电流可取 100A 到额定电流之间的任一值。必须小于或等于制造商规定值。

三、 试验目的

在电气设备的导电回路中常有两个金属面接触，其接触面（尤其是两种不同金属的接触面）会出现氧化、接触紧固不良等各种原因导致的接触电阻增大，在大电流通过时接触点温度升高，加速接触面氧化，使接触电阻进一步增大，持续下去会产生严重的故障。电气设备中回路电阻的测试能为检修人员提供数据依据，使检修人员能够依靠这些数据的大小变化情况判断设备导电回路各接触部位接触的状态，确保电力系统安全、稳定地运行。因此，在变电检修中必须定期对接触电阻进行测量。

四、 试验前准备

（1）阅读开关测试仪的说明书，掌握测试仪的使用方法。
（2）按照随机清单，检查所配测试线及附件是否齐全、完好。
（3）检查打印纸是否足够。
（4）检查测试仪电源工作是否正常。
（5）核查被测设备参数标准。

五、 测试仪器选择

回路电阻测试仪如图 4 - 1 所示。

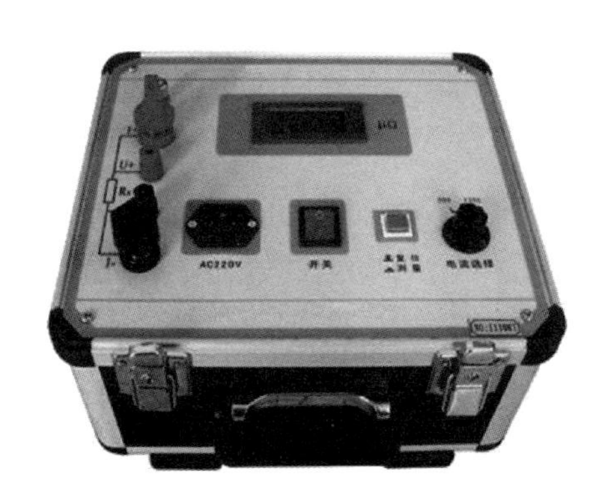

图 4 - 1　回路电阻测试仪

六、 危险点分析与预防措施

（1）测量前，先接好所有测试线，再开机，测试过程中不能断开测试线。

（2）不能用于测试带电导体和有电感元器件的回路电阻值。

（3）测试高、低压开关时，被测开关必须充分放电后方可接线，以确保安全。

（4）测试电流线不可随意更改。如更改，必须保证导线电阻值与原配线电阻值相等。

（5）测试夹子不可随意更改。如需换夹子，容量必须符合要求。

（6）测试时应将电压夹接在电流夹内侧。

七、 接线说明

仪器在使用前，务必先接好接地线。按图 4-2 所示将大电流线 I+、I－和电压线 V+、V－夹于待测电阻 R 的两端，电流线 I+、I－位于外侧，电压线 V+、V－位于里侧，夹接牢固，以免测试线中途掉落。

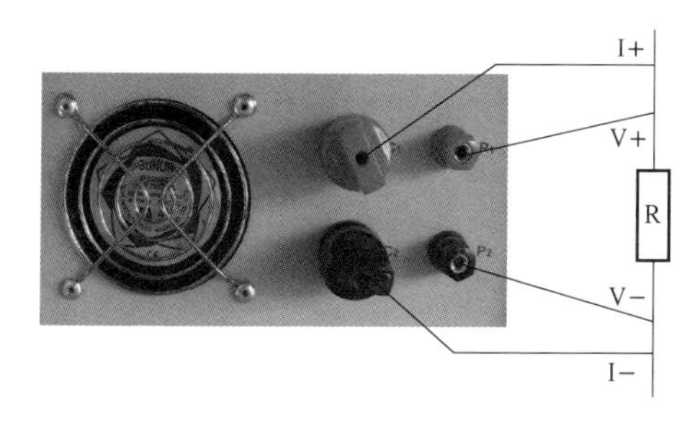

图 4-2 回路电阻测试仪接线图

八、 仪器操作使用说明

1. 开机界面

仪器开机，液晶显示如图 4-3 所示界面。右边的菜单有［开始测试］［数据标识］［参数设置］［时钟设置］［文件管理］。前一个菜单为测试菜单，后四个菜单为系统菜单。下面分别予以介绍。

2. 鼠标操作方法

鼠标的操作有以下 3 种方式。

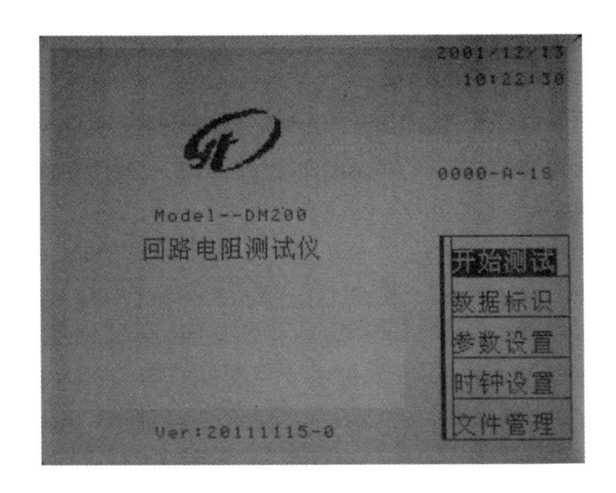

图 4-3 操作界面图 1

（1）左、右旋转，用于移动光标。

（2）按压，用于“确认”被选择项。

（3）按压的同时，左、右旋转，用于改变选择项的值。

3. 开始测试

（1）［开始测试］处于反白显示时，按压鼠标，开始测试，测试时间为剩余测试时间，如图 4-4 所示的界面。

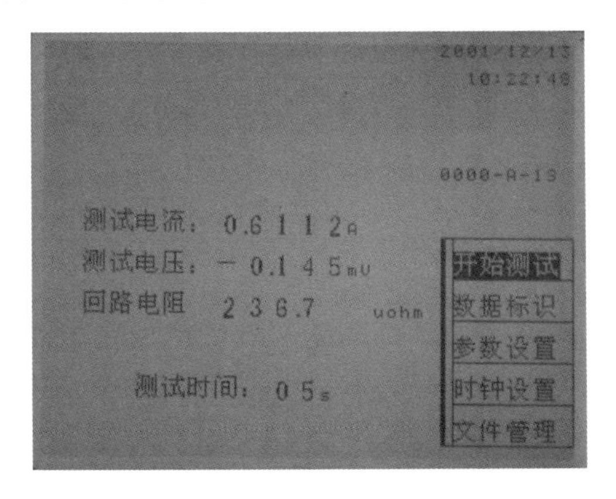

图 4-4 操作界面图 2

（2）［保存］：测试完毕后，点击鼠标，仪器将测试结果保存在内部存储器中，掉电不会丢失，同时存储数据个数自动加 1，如图 4-5 所示。

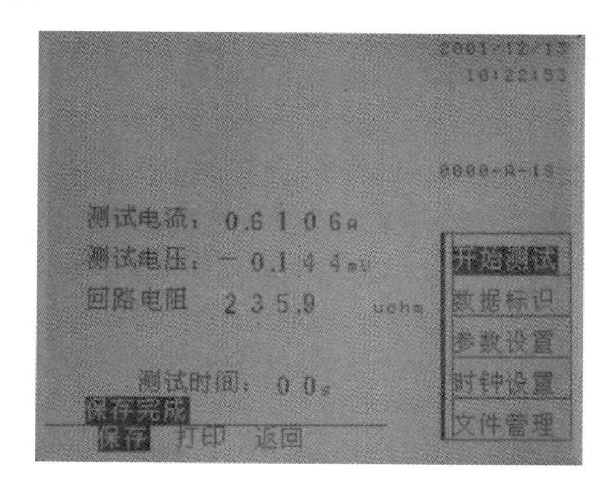

图 4-5 操作界面图 3

(3)［打印］：打印当前的测试结果。

(4)［返回］：返回到主菜单。

4. 数据标识

当［数据标识］菜单为反白显示时，点击鼠标，进入如图 4-6 所示的设置界面。点击鼠标进入操作，修改数据标识号。最后选择［确定］确认修改。

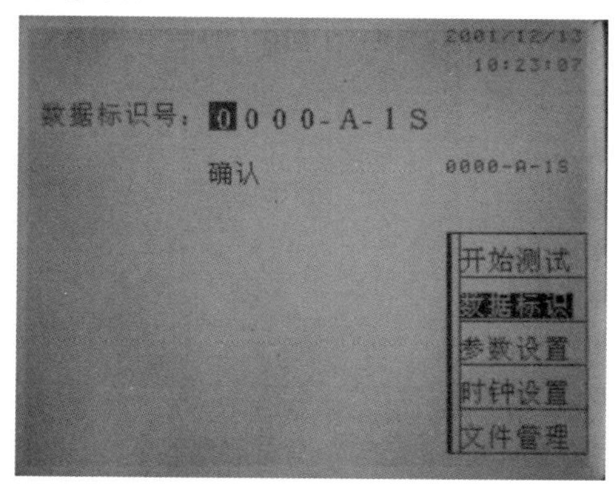

图 4-6 操作界面图 4

5. 参数设置

当［参数设置］菜单为反白显示时，点击鼠标，进入如图4-7所示的设置界面。点击鼠标进入操作，修改测试时间，开机默认为10s，最长60s，步进时长5s。最后选择［确定］确认修改。

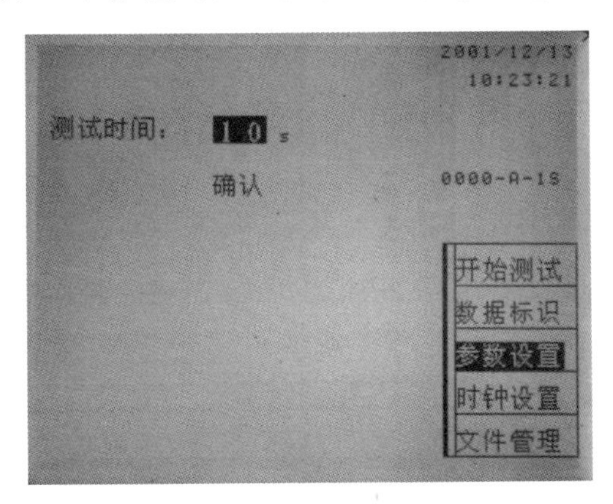

图4-7 操作界面图5

6. 设置时间

当［设置时间］菜单为反白显示时，点击鼠标，进入如图4-8所示的设置界面。点击鼠标进入操作，分别修改各项设置。最后选择［yes］确认修改；选择［no］时，设置不会生效。

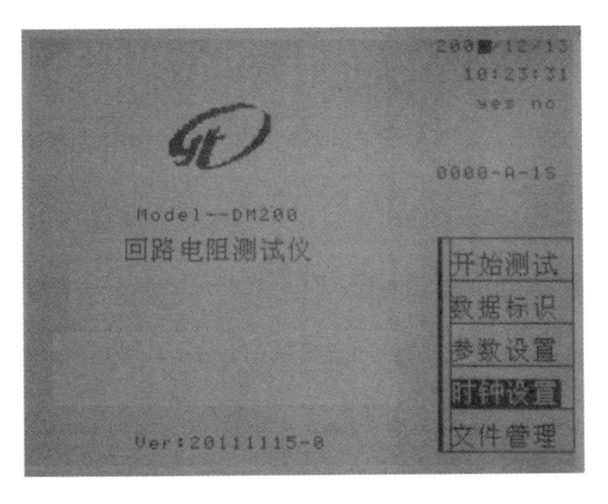

图4-8 操作界面图6

九、 测试结果分析与报告编写

将测试结果打印出来，与被测试断路器的技术参数进行对比，测试结果如不合格，根据实际情况调试合格。测试结束后将数据填到相关记录内，并把打印纸粘贴在检修记录上，工作结束后上交主管部门审核。

十、 案例分析

1. 案例经过

2017 年 3 月 28 日，试验人员在澄浪变电站潘澄 2301 断路器 C 检过程中，发现潘澄 2301 断路器的合闸时间三相不同期超标的问题，连续多次测量，测试结果一致，排除外部因素后，认为潘澄 2301 断路器机构存在缺陷，导致合闸时存在三相不同期。

2. 断路器三相不同期危害分析

如果三相不同期过大，有很多危害：

（1）可能会导致断路器在操作过程中产生过电压，尤其在先合一相情况比先合两相严重，会严重威胁中性点不接地系统的分级绝缘变压器中性点绝缘，可能会引起中性点避雷器爆炸。

（2）断路器合闸三相短路时，如果两相先合，则使未合闸相的电压升高，增大了预穿长度，加重了对合闸功能的要求，同时对灭弧室机械强度也提出更高要求。

（3）同时非同期合闸加大重合闸时间，对系统稳定不利。

（4）中性点电压位移，产生零序电流，必须加大零序保护的整定值，降低了保护的灵敏度。

3. 现场测试断路器数据

潘澄 2301 断路器时间特性数据如表 4－1 所示。

表 4-1　　　　潘澄 2301 断路器时间特性数据

项目	动作时间（ms）			同期性（ms）		
	合闸	分闸 1	分闸 2	合闸	分闸 1	分闸 2
合格范围	≤100	21±4	21±4	≤5	≤3	
A	75	18.4	18.5	7.1	0.3	0.4
B	75.6	18.1	18.1			
C	68.5	18.2	18.1			

潘澄 2301 断路器 C 相合闸不同期 7.1ms，超过标准值（≤5ms），潘澄 2301 断路器机构存在缺陷。

4. 处理过程

事后厂家技术人员到达澄浪变电站现场，根据现场情况，对三相机构辅助开关 S0（图纸上标注为 DL）上的接线进行了改接。以 A 相机构为例：将辅助开关 S0 上的（03-04）端子 P1-3A 和 P1-6A 转接至辅助开关 S0 的空端子（07-08）端子之上（见图 4-9～图 4-11）。

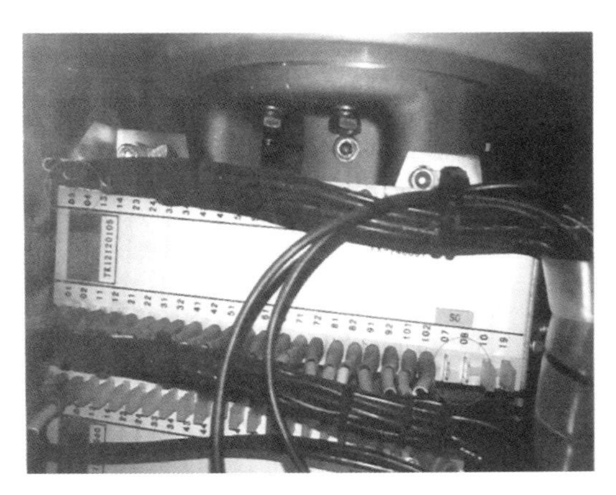

图 4-9　改线完成前

图 4-10 改线完成后

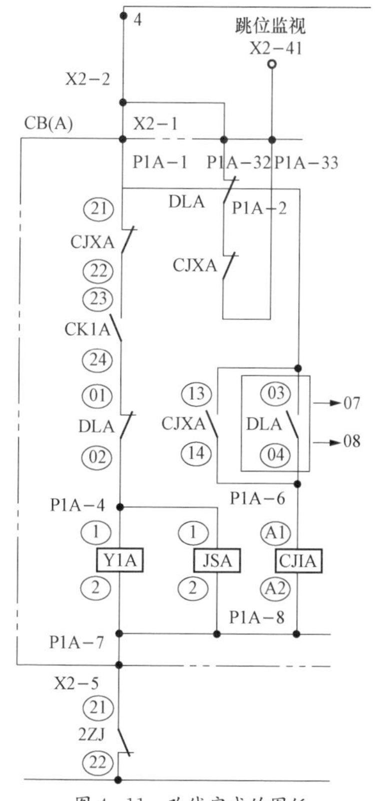

图 4-11 改线完成的图纸

改线完成后重新进行试验：将断路器置于合闸位置，给断路器一个持续的分闸指令（短接分、合闸控制旋钮后的分闸端子），断路器正确分闸，此后再给一个持续的合闸指令（将分、合闸控制旋钮打至合位并保持），断路器合闸，此时分闸指令依旧存在，断路器立即分闸。并且断路器没有再次出现重新分合闸的情况，防跳继电器正常工作，防跳回路得以完善。

第五章 SF_6 断路器微水试验

一、 测试依据

1.《国家电网公司电力安全工作规程　变电部分》(Q/GDW 1799.1—2013)

2.《输变电设备状态检修试验规程》(Q/GDW 1168—2013)

3.《电气装置安装工程电气设备交接试验标准》(GB 50150—2016)

4.《电力设备预防性试验规程》(DL/T 596—1996)

二、 测试标准

湿度标准见表 5 - 1。

表 5 - 1　湿度标准　μL/L

试验项目		要求	
		新充气后	运行中
湿度(H_2O)	有电弧分解物的气室	≤150	≤300(注意值)
	无电弧分解物的气室	≤250	≤500(注意值)
	箱体及开关(SF_6 绝缘变压器)	≤125	≤220(注意值)
	电缆箱及其他(SF_6 绝缘变压器)	≤220	≤375(注意值)

三、 试验目的

SF_6 气室内若含有水分超标，则在开关开断过程中易产生氟化物，此部分物质易腐蚀气室内部件。

四、 试验前准备

（1）现场试验前，应详细了解设备的运行情况，制定相应的技术措施、安全措施及事故应急处理措施。

（2）应配备与工作情况相符的上次检测的记录、工作票、标准化作业工艺卡（作业指导书、卡）、合格的仪器仪表、工具等。

（3）检查环境、人员、仪器、设备满足检测条件。

（4）现场具备安全、可靠的独立检修电源，禁止与运行设备共用电源；如试验仪器自带电源，工作前应充好电。

（5）按相关安全生产管理规定办理工作许可手续。

五、 测试仪器选择

SF_6 微水测试仪一套，如图 5 - 1 所示。

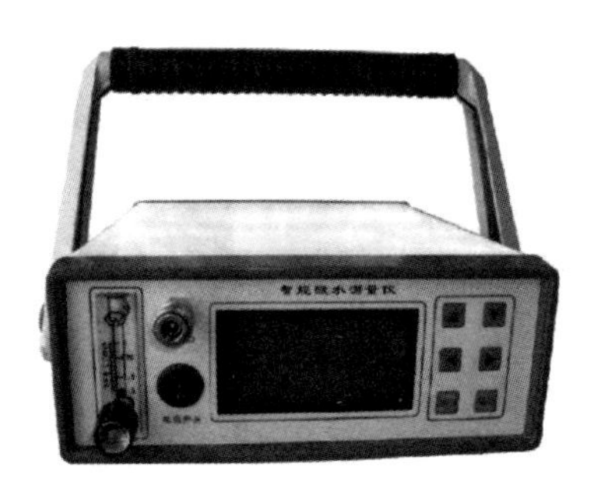

图 5 - 1　SF_6 微水测试仪

六、 危险点分析与预防措施

（1）应在良好的天气下进行，如遇雷、雨、雪、雾天气不得在室外进行该项工作。风力大于 5 级时，不宜在室外进行该项工作。

（2）检测时，应与设备带电部位保持足够的安全距离。

（3）检测时，要防止误碰误动设备，避免踩踏气体管道及其他二次线缆。

（4）检测时，应认真检查气体管路、检测仪器与设备的连接，防止气体泄漏。室内必要时检测人员应佩戴安全防护用具。

（5）检测时，应严格遵守操作规程，检测人员和检测仪器应避开设备取气阀门开口方向，并站在上风侧，防止取气造成设备内气体大量泄漏及发生其他意外。

（6）检测时，应严格遵守操作规程，防止气体压力突变造成气体管路和检测仪器损坏。

（7）设备安装在室内应有良好的通风系统，进入设备安装室前应先通风15～20min，并应保证在15min内换气一次，当含氧量达到18%以上且 SF_6 气体浓度小于1000μL/L时，方可进入室内进行检测工作。

（8）设备内 SF_6 气体不准向大气排放，应采取净化回收措施，经处理检测合格后方准再使用。回收时作业人员应站在上风侧。

（9）SF_6 断路器（开关）或GIS开关设备进行操作时，禁止检测人员在其外壳上进行工作。

（10）检测结束时，检测人员应拆除自装的管路及接线，并对被试设备进行检查（对取气阀门进行检漏），恢复试验前的状态，经负责人复查后，进行现场清理。

七、接线说明

SF_6 电气设备中气体湿度可以用冷凝露点式、电阻电容式湿度计和电解式湿度计测量。采用导入式的取样方法，取样点必须设置在足以获得代表性气体的位置并就近取样。测量时将湿度计与待检测设备用气路接口连接，连接方法如图5-2所示。

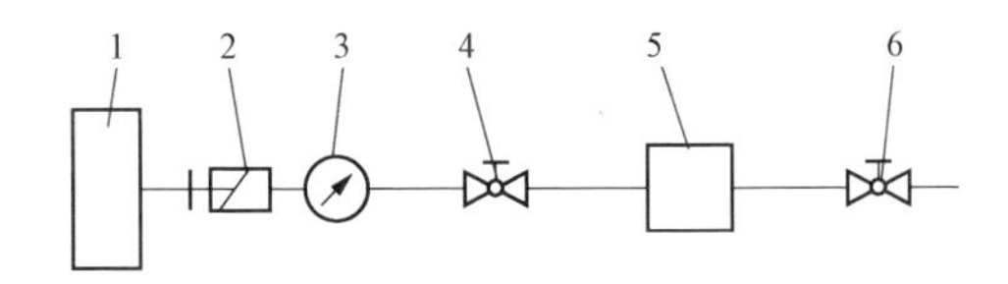

图 5-2　检测连接图

1—待测电气设备；2—气路接口（连接设备与仪器）；3—压力表；4—仪器入口阀门；5—测试仪器；6—仪器出口阀门（可选）

八、仪器操作使用说明

微水测试仪器如图 5-3、图 5-4 所示。

图 5-3　微水测试仪器（一）

图 5-4　微水测试仪器（二）

1. 取样

（1）冷凝式露点仪采用导入式的取样方法。取样点必须设置在足以获得代表性气样的位置并就近取样。

（2）取样阀选用体积小的针阀。取样管道不宜过长，管道内壁应光滑、清洁；管道无渗漏，管道壁厚应满足要求。

（3）当测量准确度较低或测量时间较长时，可以适当增大取样总流量，在气样进入仪器之前设置旁通分道。

（4）环境温度应高于气样露点温度至少 3℃，否则要对整个取样系统以及仪器排气口的气路系统采取升温措施，以免因冷壁效应而改变气样的湿度或造成冷凝堵塞。

2. 试漏

采用 SF_6 气体检漏仪对仪器气路系统进行试漏。

3. 测量

（1）根据取样系统的结构、气体湿度的大小用被测气体对气路系统分别进行不同流量、不同时间的吹洗，以保证测量结果的准确性。

（2）测量时缓慢开启调节阀，仔细调节气体压力和流速。测量过程中保持测量流量稳定，并从仪器直接读取露点值。检测过程中随时监测被测设备的气体压力，防止气体压力异常下降。

九、 测试结果分析与报告编写

将测试结果打印出来，与被测试断路器的技术参数进行对比，测试结果如不合格，根据实际情况调试合格。测试结束后将数据填到相关记录内，并把打印纸粘贴在检修记录上，工作结束后上交主管部门审核。

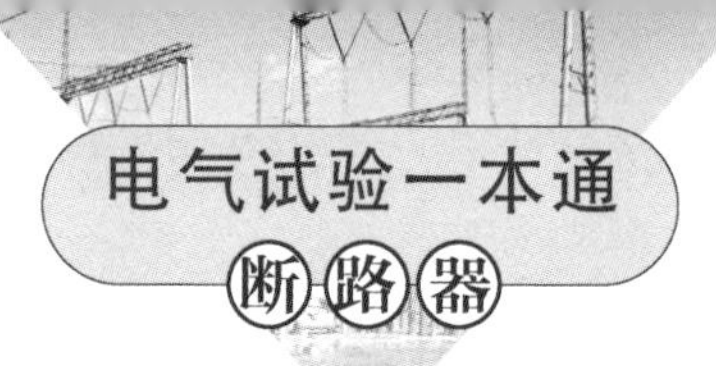

第六章 真空断路器交流耐压试验

一、测试依据

1.《国家电网公司电力安全工作规程 变电部分》（Q/GDW 1799.1—2013）

2.《输变电设备状态检修试验规程》（Q/GDW 1168—2013）

3.《电气装置安装工程电气设备交接试验标准》（GB 50150—2016）

4.《电力设备预防性试验规程》（DL/T 596—1996）

二、测试标准

耐压标准见表6-1。

表6-1 耐压标准

额定电压（kV）	1min工频耐受电压（kV）有效值			
	相对地	相间	断路器断口	隔离断口
3.6	25/18	25/18	25/18	27/20
7.2	30/23	30/23	30/23	34/27
12	42/30	42/30	42/30	48/36
24	65/50	65/50	65/50	79/64
40.5	95/80	95/80	95/80	118/103
72.5	140	140	140	180
	160	160	160	120

三、 试验目的

测量设备的绝缘性能。

四、 试验前准备

（1）现场试验前，应详细了解设备的运行情况，据此制定相应的技术措施，并按规定履行审批手续。

（2）应配备与工作情况相符的上次试验报告、标准化作业指导书、合格的仪器仪表、工具和连接导线等。

（3）现场具备安全、可靠的独立检修电源，禁止从运行设备上接取试验电源。

（4）检查环境、人员、仪器满足试验条件。

（5）按相关安全生产管理规定办理工作许可手续。

五、 测试仪器选择

测试仪器包括调压器、试验变压器、高压分压器、限流电阻、球隙保护电阻电容分压器、高压臂、低压臂。

六、 危险点分析与预防措施

（1）应确保操作人员及试验仪器与电力设备的高压部分保持足够的安全距离，且操作人员应使用绝缘垫。

（2）试验装置的金属外壳应可靠接地，高压引线应尽量缩短，并采用专用的高压试验线，必要时用绝缘物支撑牢固。

（3）被试设备两端不在同一工作地点时，另一端应派专人看守。

（4）加压前必须认真检查试验接线，使用规范的短路线，表计倍率、量程、调压器零位及仪表的开始状态均应正确、无误。

（5）因试验需要断开设备接头时，拆前应做好标记，接后应进行检查。

（6）试验装置的电源开关应使用明显断开的双极刀闸。为了防止误合刀闸，可在刀刃或刀座上加绝缘罩。试验装置的低压回路中应有两个串联电源开关，并加装过载自动跳闸装置。

（7）试验前，应通知所有人员离开被试设备，并取得试验负责人许可，方可加压。加压过程中应有人监护并呼唱。操作人员的手应放在电源开关上，如有紧急情况应迅速断开电源。

七、 接线说明

交流耐压试验接线如图 6 - 1 所示。

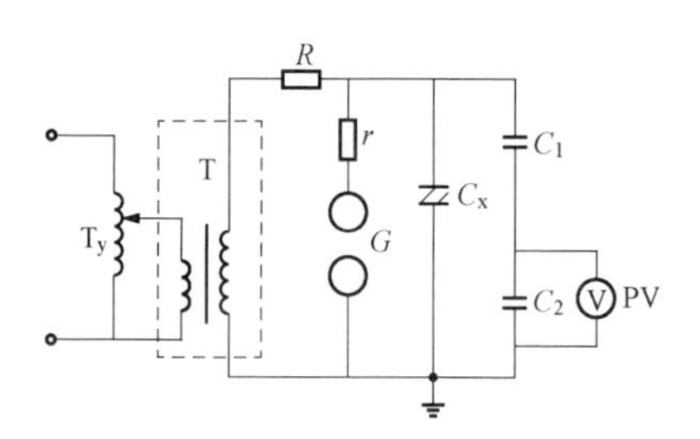

图 6 - 1　交流耐压试验接线图

T_y—调压器；T—试验变压器；R—限流电阻；r—球隙保护电阻；G—球间隙；C_x—被试品电容；C_1、C_2—电容分压器高、低压臂；PV—电压表

八、 仪器操作使用说明

交流耐压试验仪器如图 6 - 2 所示。

（1）被试品在耐压试验前，应先进行其他常规试验，合格后再进行耐压试验。被试品试验接线并检查确认接线正确。

（2）接通试验电源，开始升压进行试验，升压过程中应密切监视高压回路，监听被试品有何异响。

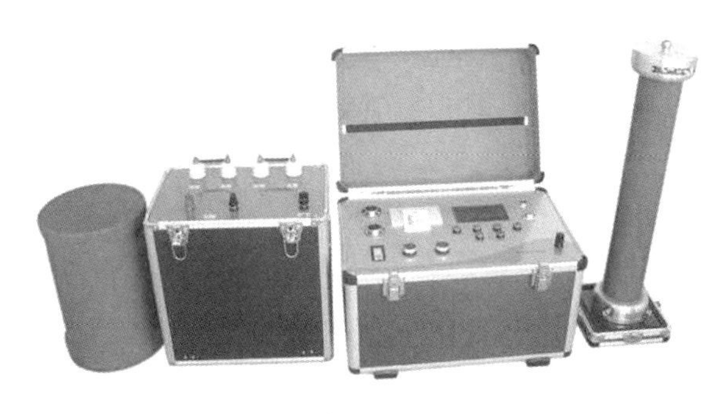

图 6-2　交流耐压试验仪器

（3）升至试验电压，开始计时并读取试验电压。

（4）计时结束，降压然后断开电源，对被试设备进行放电，并短路接地。

（5）耐压试验结束后，进行被试品绝缘试验检查，判断耐压试验是否对试品绝缘造成破坏。

九、 测试结果分析与报告编写

将测试结果打印出来，与被测试断路器的技术参数进行对比，测试结果如不合格，根据实际情况调试合格。测试结束后将数据填到相关记录内，并把打印纸粘贴在检修记录上，工作结束后上交主管部门审核。